La magouilleuse

Ou comment répartir idéalement

© 2022, R.S.

Table des matières

A Amélie et Victor,

R.S.
19/07/22

« Sous le masque de la complexité, la simplicité se questionne.»,
De Monique Keurentjes

ISBN : 9798843404512

1. Combler le plus et priver le moins

Plusieurs candidats souhaitent participer à des événements. Or, le nombre de places disponibles par événement est limité. Pour satisfaire le maximum de candidats, l'organisateur de ces événements demandent aux candidats les événements auxquels ils souhaitent participer par ordre de préférence. Ainsi, à l'aide d'un algorithme, l'organisateur calcule le meilleur choix possible pour l'ensemble des candidats selon leur préférence.

Cet algorithme est baptisé pour l'occasion « la magouilleuse » en l'honneur de celui utilisé par l'école Polytechnique. L'algorithme présenté ici est en revanche différent et inédit.

Ce problème est applicable de manière similaire à un grand nombre d'autres situations. De ce fait, il est à la fois très utile et très recherché. En effet, il y a plusieurs manière de traiter cette question et par conséquent, il existe parfois plusieurs solutions optimales. L'algorithme unique qui répond à toutes les configurations possibles n'existe pas. Nous allons ici en détailler l'un d'entre eux qui malgré tout minimise à la fois les candidats déçus et maximise les candidats satisfaits.

2. Exemple intuitif

Commençons par un exemple simple avec 4 candidats et 4 événements. Chaque événement ne dispose que d'un seul siège. Ce sont par exemple des événements avec une seule invitation pour chacun d'entre eux. Voici les demandes des candidats par ordre de préférence :

Evénements / Candidats	c_1	c_2	c_3	c_4
e_1	1	1	**1**	2
e_2	2	**2**	4	3
e_3	**3**	4	3	4
e_4	4	3	2	**1**

On recherche comme consensus le choix le moins pire. C'est-à-dire celui qui correspond toujours au meilleur choix possible du candidat selon les options restantes par éliminations successives. Ici, on a, comme 1er choix :

- 3 candidats souhaitent participer à l'événement 1 et 1 au 4, donc :
    - Le candidat 4 aura l'invitation à l'événement 4 ;
    - On supprime la ligne et la colonne 4 ;

- Le seul 2nd choix que l'on ne pourra pas honorer concerne le candidat 3, donc :
    - Le candidat 3 aura l'invitation à l'événement 1 ;
    - On supprime la ligne 1 et la colonne 3 ;

Comme 2nd choix :
- Le seul 3ième choix qu'on ne pourra pas honorer concerne le candidat 2, donc :
    - Le candidat 2 aura l'invitation à l'événement 2 ;
    - On supprime la ligne et la colonne 2 ;

Comme 3ième choix :
- Il ne reste que le candidat 1, donc :
    - Le candidat 1 aura l'invitation à l'événement 1 ;

On remarque ainsi que le choix du candidat n'est pas évident. Et cela n'est que pour la participation à un seul événement par candidat et avec peu de candidat et d'événement. Cela peut donc rapidement se complexifier drastiquement.

3. Score minimum pour une satisfaction maximale

L'exemple précédent nous montre qu'on a choisi la meilleure solution. Pourquoi ?
Parce qu'il n'en existe aucune autre qui puisse obtenir un score des préférences
inférieure à celui-ci. Ici, ce score se calcule simplement en additionnant les ordres
des choix retenus des candidats. Soit :

$$S = 1 + 1 + 2 + 3 = 7 \ avec \ S \in [4; 16]$$

Car :

$$S_{min} = 1 + 1 + 1 + 1 = 4 = Tous \ les \ candidats \ ont \ eu \ leur \ 1^{er} \ choix$$

Et :

$$S_{max} = 4 + 4 + 4 + 4 = 16 = Tous \ les \ candidats \ ont \ eu \ leur \ 4^{ième} \ choix$$

Ainsi :

$$Si \ c = nombre \ de \ candidats, alors \ S \in [c; c^2]$$

En fait les scores min et max sont plus proches car par ligne, on a :

$$S_{min} = \sum_{k=1}^{4} \min((c_i)_{1 \leq i \leq 4} pour \ e_k) = 1 + 2 + 3 + 1 = 7$$

Et :

$$S_{min} = \sum_{k=1}^{4} \max((c_i)_{1 \leq i \leq 4} pour \ e_k) = 2 + 4 + 4 + 4 = 14$$

La solution optimale ci-dessus est donc :

$$(c_i)_{1 \leq i \leq 4} = \{e_3; e_2; e_1; e_4\} \rightarrow S = 7$$

L'organisateur des événements propose finalement deux sièges par événement.
Devons-nous simplement recommencer le même processus pour l'attribution des
2nd sièges ou devons-nous tout reprendre depuis le début ? Malheureusement, on
se doit de reprendre depuis le début car l'attribution de plusieurs sièges remet
totalement en question les sièges déjà attribués.

On a ici, les scores min et max suivant :

$$S_{min} = \sum_{k=1}^{4} \left((\min((c_i)_{1\leq i\leq 4}) + \min((c_i)_{1\leq i\leq 4}\ hors\ min\ précédent)) \ pour\ e_k \right)$$

$$= (1+1) + (2+2) + (3+3) + (1+2) = 15$$

Et :

$$S_{min} = \sum_{k=1}^{4} \left((\max((c_i)_{1\leq i\leq 4}) + \max((c_i)_{1\leq i\leq 4}\ hors\ max\ précédent)) \ pour\ e_k \right)$$

$$= (1+2) + (4+3) + (4+4) + (4+3) = 25$$

Avec l'encadrement général suivante :

$$\left(\underbrace{2}_{\substack{nombre \\ de\ sièges \\ par \\ événement}} \times \underbrace{1}_{\substack{1er \\ choix}} \right) \underbrace{c}_{\substack{nombre \\ de \\ candidats}} = 8 \leq S \leq 32 = \left(\underbrace{2}_{\substack{nombre \\ de\ sièges \\ par \\ événement}} \times \underbrace{4}_{\substack{dernier \\ choix}} \right) \underbrace{c}_{\substack{nombre \\ de \\ candidats}}$$

On recherche donc si $S = 15$ existe. Si oui c'est une solution optimale. On trouve :

$$(c_i)_{1\leq i\leq 4} = \{(e_2; e_3); (e_1; e_2); (e_3; e_4); (e_1; e_4)\} \rightarrow S = 16$$

Soit :

Evénements / Candidats	c_1	c_2	c_3	c_4
e_1	1	1	1	2
e_2	2	2	4	3
e_3	3	4	3	4
e_4	4	3	2	1

C'est la solution optimale car un score de 15 n'est pas possible. En revanche, la solution précédente avec un seul siège par événement, n'est pas compatible avec celle avec deux sièges par événement. En effet, le candidat n°3 assistera aux événement n°3 et 4, alors qu'avec un seule siège attribué, il assistera à l'événement n°1. On voit donc par cet exemple qu'effectivement un algorithme lancé pour l'attribution d'un siège par événement ne permet pas d'en déduire une attribution pour deux sièges par événement. Il faut donc à chaque fois relancer l'algorithme selon le nombre de siège par événement.

C'est une complexité supplémentaire à intégrer dans notre algorithme. En effet, si on doit traiter un grand nombre de candidats pour un grand nombre d'événement, le simple changement du nombre d'attribution de sièges par événement force à relancer entièrement notre algorithme de calcul de distribution optimale.

4. Condition d'optimisation

Pour y voir plus clair sur l'algorithme mathématiques utilisé par l'organisateur, on définit tout d'abord toutes les variables utiles :

$$(c)_{\geq 1} = Nombre\ de\ candidats$$

$$(e)_{\geq 1} = Nombre\ d'événements$$

$$\left(s(j)\right)_{1\leq j\leq c} = Nombre\ de\ sièges\ disponibles\ pour\ le\ j^{ième}\ événement$$

$$e_c = \frac{1}{c}\sum_{j=1}^{e} s(j) = Nombre\ de\ sièges\ moyen\ attribués\ par\ candidat$$

$$\left(p_i(j)\right)_{\substack{1\leq i\leq c \\ 1\leq j\leq e}} = Préférence\ du\ i^{ième}\ candidat\ au\ j^{ième}\ événement$$

$$avec\ p_i(j) \in [0;e]\ et\ p_i(j) = 0\ si\ pas\ de\ préférence$$

$$\left(a_i(j)\right)_{\substack{1\leq i\leq c \\ 1\leq j\leq e}} = Autorisation\ du\ i^{ième}\ candidat\ au\ j^{ième}\ événement$$

$$avec\ a_i(j) = \begin{cases} 1\ si\ autorisation\ accordée \\ 0\ si\ autorisation\ refusée \end{cases}$$

$$\left(S(j)\right)_{1\leq j\leq e} = Score\ des\ préférences\ du\ j^{ième}\ événement$$

$$avec\ s(j) \leq S(j) \leq e \times s(j)\ si\ \nexists\, p_i(j) = 0$$

$$sinon\ S(j) = 0\ est\ possible\ si\ aucun\ candidat\ ne\ souhaite\ le\ j^{ième}\ événement$$

Dès lors, l'objectif est de minimiser la dissatisfaction en octroyant le plus souvent possible au moins les 1er choix aux candidats. On peut représenter les préférences des candidats aux événements par la grille suivante :

Evénements / Candidats	c_1	c_2	c_3	...	c_c
e_1	1	5	7	...	
e_2	4		1	...	2
e_3	3	2		...	3
...	...	...	...	...	...
e_e	6		4	...	

Les cases vides représentent les événements auxquels le nième candidat ne souhaite pas participer. Par exemple, le candidat n°4 qui souhaite participer à trois événements avec par ordre de préférence, l'événement n°6 en priorité suivi du n°3 et du n°8 sera représenté par :

$$\begin{cases} p_4(6) = 1 \\ p_4(3) = 2 \\ p_4(8) = 3 \\ p_4(n) = 0 \ \forall n \in [1; e] - \{3; 6; 8\} \end{cases}$$

Si la préférence est nulle, alors il n'y a plus de souhaits de participer à un événement supplémentaire. On souhaite en définitif produire pour chaque candidat une liste du type :

$$\begin{cases} a_4(6) = 1 \\ a_4(3) = 1 \\ a_4(n) = 0 \ \forall n \in [1; e] - \{3; 6\} \end{cases}$$

Ici, le candidat n°4 suivra ses deux premières préférences mais pas la troisième qui a atteint le nombre maximum autorisé selon les préférences des autres candidats. On a maintenant la capacité de formaliser notre objectif. En effet, on a pour chaque événement :

$$Si \ s(j) \geq \sum_{i=1}^{c} 1_{p_i(j) \neq 0} \rightarrow a_i(j) = 1 \ si \ p_i(j) \neq 0 \ \forall i \in [1; c]$$

C'est le cas trivial de davantage de sièges disponibles pour l'événement j que les souhaits d'y participer par l'ensemble des candidats. A l'inverse, on a pour chaque événement :

$$Si \ s(j) < \sum_{i=1}^{c} 1_{p_i(j) \neq 0} \rightarrow a_i(j) = \{1; 0\} \ \forall i \in [1; c]$$

Il n'y a ici pas assez de sièges disponibles pour l'événement j que les souhaits d'y participer par l'ensemble des candidats. Ainsi, seul $s(j)$ candidats auront un siège garanti ($a_i(j) = 1$). On entrevoit ici la complexité déjà évoquée d'un tel algorithme, capable de calculer la meilleure répartition des sièges des événements aux candidats selon leur ordre de préférence.

5. Ordonner et choisir

La question primordiale réside à trouver quelle équation souhaite-t-on minimiser pour répartir au mieux chaque siège ? Le « au mieux » reste ici aussi à définir. On a vu dans le premier exemple qu'il faut minimiser les scores de préférences. Mais que vaut exactement ces scores ?

On calcule tout d'abord les meilleures et les pires préférences d'un événement j jusqu'à atteindre le nombre de sièges maximum autorisé pour cet événement. On procède comme suit :

$$m_1(j) = \min_{p_i(j) \neq 0}(\{p_1(j); \dots; p_c(j)\})$$

$$m_2(j) = \min_{p_i(j) \neq 0}(\{p_1(j); \dots; p_c(j)\} - \{m_1(j)\})$$

$$m_3(j) = \min_{p_i(j) \neq 0}(\{p_1(j); \dots; p_c(j)\} - \{m_1(j); m_2(j)\})$$

$$\dots$$

$$m_{s(j)}(j) = \min_{p_i(j) \neq 0}(\{p_1(j); \dots; p_c(j)\} - \{m_1(j); m_2(j); \dots; m_{s(j)-1}(j)\})$$

De même :

$$M_1(j) = \max(\{p_1(j); \dots; p_c(j)\})$$

$$M_2(j) = \max(\{p_1(j); \dots; p_c(j)\} - \{M_1(j)\})$$

$$M_3(j) = \max(\{p_1(j); \dots; p_c(j)\} - \{M_1(j); M_2(j)\})$$

$$\dots$$

$$M_{s(j)}(j) = \max(\{p_1(j); \dots; p_c(j)\} - \{M_1(j); M_2(j); \dots; M_{s(j)-1}(j)\})$$

On cherche donc le plus petit score pour chaque événement j tel que :

$$\sum_{k=1}^{s(j)} m_k(j) \leq S(j) \leq \sum_{k=1}^{s(j)} M_k(j)$$

Ceci définit, on construit une matrice qui reflète cela. En effet, les matrices se prêtent parfaitement bien à la manipulation multivariables. On pose donc :

$P = Matrice \ (i;j) \ des \ préférences \ des \ i \ candidats \ aux \ j \ événements \ possibles$

On pose ainsi :

$$P = \begin{pmatrix} p_1(1) & p_2(1) & p_3(1) & \cdots & p_c(1) \\ p_1(2) & p_2(2) & p_3(2) & \cdots & p_c(2) \\ p_1(3) & p_2(3) & p_3(3) & \cdots & p_c(3) \\ \vdots & \vdots & \vdots & \ddots & \vdots \\ p_1(e) & p_2(e) & p_3(e) & \cdots & p_c(e) \end{pmatrix}$$

On <u>ordonne</u> les préférences par événement j. Soit :

$$e_j \rightarrow \left\{ m_1(j); m_2(j); m_3(j); \ldots m_{s(j)}(j); \ldots ; m_c(j) \right\}$$

Puis on associe à (ou <u>choisit</u> pour) chaque candidat i l'événement j si sa préférence est :

- Soit : $p_i(j) = m_k(j) \ avec \ k \leq s(j)$,

- Soit : $p_i(j) = m_k(j) \ avect \ k > s(j) \ et \ m_k(j) = m_{s(j)}(j)$.

Enfin, comme on a volontairement attribué trop de sièges par candidat, on supprime (ou <u>équilibre</u>) les événements des candidats qui ont trop de sièges vis-à-vis du nombre moyen de sièges attribué par candidat ($> e_c$). Cette méthode en trois étapes nous amène à une solution qui minimise les scores dans la grande majorité des cas.

Les cas où cette méthode n'est pas optimale reste néanmoins à la fois très proche du ou des résultats optimaux mais surtout calcule une solution quasi-optimale en un temps polynômiale très raisonnable. C'est ce dernier argument qui remporte l'adhésion du plus grand nombre car l'optimisation parfaite est une chose mais le temps de calcul maîtrisé est beaucoup plus demandé même si le résultats n'est pas le plus optimal mais s'en rapproche de manière certaines dans une grande majorité de configuration possible.

On a donc décrit une méthode simple, efficace, rapide et optimale pour résoudre notre problème. D'autres algorithmes existant calculent une solution optimale quelque soit la configuration initiale. Ces algorithmes sont plus complexes et plus lourds à mettre en œuvre. Nous préférions vous présente celui-ci qui se comprend sans prérequis mathématiques complexes.

Prenons un exemple pour nous en convaincre et illustrer cette méthode.

6. Exemple optimal

On se propose, pour illustrer notre méthode exposée précédemment, de l'appliquer à l'exemple suivant :

$$s(j) = 3 \; et \; P = \begin{pmatrix} 1 & 3 & 2 & 2 & 3 & 0 \\ 2 & 1 & 0 & 3 & 1 & 2 \\ 3 & 2 & 1 & 0 & 0 & 0 \\ 0 & 0 & 3 & 1 & 2 & 1 \end{pmatrix}$$

Tout d'abord on ordonne les préférences de chaque candidat par événement :

$$\begin{cases} e_1 \to (1 & 2 & 2| & 3 & 3 & 0) \\ e_2 \to (1 & 1 & \mathbf{2}| & \mathbf{2} & 3 & 0) \\ e_3 \to (1 & 2 & 3| & 0 & 0 & 0) \\ e_4 \to (1 & 1 & 2| & 3 & 0 & 0) \end{cases}$$

Avec 3 sièges par événement, on trace une barre de séparation après le $3^{\text{ième}}$ candidat. Si la préférence des candidats des deux côtés de la barres sont identiques alors on déplace la barre vers la droite jusqu'à avoir des préférences différentes :

$$\begin{cases} e_1 \to (1 & 2 & 2| & 3 & 3 & 0) \\ e_2 \to (1 & 1 & 2 & 2| & 3 & 0) \\ e_3 \to (1 & 2 & 3| & 0 & 0 & 0) \\ e_4 \to (1 & 1 & 2| & 3 & 0 & 0) \end{cases}$$

On choisit pour chaque événement les candidats à gauche de la barre :

$$\begin{cases} c_1 \to \{e_1; \mathbf{e_2}; e_3\} \\ c_2 \to \{e_3; e_2\} \\ c_3 \to \{e_1; e_3\} \\ c_4 \to \{e_1; e_4\} \\ c_5 \to \{e_2; e_4\} \\ c_6 \to \{\mathbf{e_2}; e_4\} \end{cases}$$

Si des barres ont dues être déplacées vers la droite (au-delà du nombre de sièges par événement) alors il a été attribué (volontairement) trop de siège d'événement à certains candidats et pas assez à d'autres. Il reste donc à équilibrer cela, à l'aide du nombre moyen de sièges attribuables par candidat. Soit :

$$e_c = \frac{1}{c} \sum_{j=1}^{e} s(j) = \frac{3+3+3+3}{6} = 2 \rightarrow \begin{cases} c_1 \rightarrow \{e_1; e_3\} \\ c_2 \rightarrow \{e_3; e_2\} \\ c_3 \rightarrow \{e_1; e_3\} \\ c_4 \rightarrow \{e_1; e_4\} \\ c_5 \rightarrow \{e_2; e_4\} \\ c_6 \rightarrow \{e_2; e_4\} \end{cases}$$

On a ainsi trouvé une distribution de sièges optimale pour nos 6 candidats aux 4 événements proposant 3 sièges chacun. En effet, les scores sont :

$$Selon\ P \rightarrow \begin{cases} 5 \leq S(1) \leq 8 \\ 4 \leq S(2) \leq 7 \\ 6 \leq S(3) \leq 6 \\ 4 \leq S(4) \leq 6 \end{cases} et\ selon\ notre\ solution \rightarrow \begin{cases} S(1) = 5 \\ S(2) = 4 \\ S(3) = 6 \\ S(4) = 4 \end{cases}$$

On a bien ici atteint nos scores minimum pour chaque événement. La solution est donc bien optimale et à considérer comme la meilleure.

7. Algorithme

En suivant scrupuleusement notre méthode décrite précédemment, on code l'algorithme général comme suit :

$(* \, INITIALISATION \, *)$
Bâtir la matrice P en fonction des souhaits de chaque candidat
Définir $s(j)$, le nombre de sièges pour chaque j événement
Calculer e_c, le nombre de sièges moyen attribuable par candidat

$(* \, ORDONNER \, *)$
Pour *chaque événement j* **faire** :
→ *Ordonner les préférences de chaque candidat*
→ *Tracer une barre de séparation après $s(j)$ candidats à partir de la gauche*
→ **Si** *les préférences placées à droite et à gauche de la barre sont identiques* **alors**:
→→ *Déplacer la barre à droite tant que cela est vrai*
→ *fin* **Si**

→ $(* \, CHOISIR \, *)$
→ **Pour** *chaque candidat i* **faire** :
→→ **Si** *sa préférence apparait à gauche de la barre de l'événement j* **alors** :
→→→ *Lui associer cet événement j*
→→ *fin* **Si**

→ *fin* **Pour**

fin **Pour**

$(* \, EQUILIBRER \, *)$
Pour *chaque candidat i* **faire** :
→ **Si** *son nombre d'événements attribués $> e_c$* **alors** :
→→ *Lui retirer l'attribution du ou des événements j pour lesquels*
$\qquad$ *sa préférence était à droite de $s(j)$ candidats*
→ *fin* **Si**
fin **Pour**

On a ainsi résolu en trois étape notre distribution idéale et optimale.

8. Références

Voici quelques références utiles et non exhaustives bien sûr, sur le sujet :

- Livre « La Formule du Savoir » de Lê Nguyên Hoang, page 143 ;
- Sur Wikipedia : fr.wikipedia.org/wiki/Probl%C3%A8me_d%27affectation ;
- Complément sur Wikipedia : fr.wikipedia.org/wiki/Algorithme_hongrois.
- Exemple sur : gitlab.com/PhazCode/Soda ;

9. Conclusion

Il n'existe, à part dans les cas simples, pas d'unique solution optimal qui comblerait le maximum de candidats tout en en privant le minimum. Tout dépend nos choix de contraintes et d'optimisation. Si bien qu'un algorithme favorisera un peu plus l'ordre de préférence des candidats au détriment de l'insatisfaction des autres et inversement, un autre algorithme favorisera un peu plus la satisfaction des candidats au détriment de leurs ordres de préférence. Ces deux exemples différents sont pourtant optimaux. Alors que choisir ? Quel est le bon choix ?

Les deux mon capitaine ! En effet, l'optimisation n'est par définition pas unique. Il existe plusieurs solutions qui, selon ses critères, sont optimum. La conséquence est néanmoins terrible. Chaque candidat aura toujours des arguments recevables, puisque selon ses critères, pour critiquer la répartition choisie par l'algorithme. Il sera alors compliqué de se justifier. Pourquoi avoir choisi délibérément tel critère d'optimisation de la répartition des candidats par événement plutôt qu'un autre ? Ce choix est effectivement arbitraire dès lors qu'on lui donne un sens juste. Et nous y voilà, la justice n'est pas juste mais tranchée. Pour obtenir un résultat dit juste, il faut faire des choix qui par définition renoncent à tous les autres. Ces choix sont variés, déterminés mais non décrit lors de la présentation aux candidats de la solution globale trouvée par l'algorithme.

Une façon de calmer les candidats frustrés consiste soit à détailler les choix pris par l'algorithme qui vont forcément avantager un peu certains candidats et désavantager d'autres. Mais tout cela est à postériori et indépendant des candidats eux-mêmes. L'algorithme n'a pas été choisi contre telle ou telle personne.

Une autre façon de montrer la qualité de l'algorithme est de décrire tout simplement le fait que nous avons obtenu les scores parmi les plus faibles. Ce qui implique qu'il y a surement des insatisfaits mais le moins possible vis-à-vis des satisfaits. Et c'est exactement l'objectif premier qu'on s'était fixé.

Les algorithme d'optimisation existants sont nombreux. Choisir le plus adapté à son besoin n'est pas si simple. Des tests en amont sont toujours utiles pour converger vers l'algorithme optimal. Bonne chance.